TRAITÉ
THÉORIQUE ET PRATIQUE
DE
L'ART DE BÂTIR;

PAR J. RONDELET,
ARCHITECTE, CHEVALIER DE LA LÉGION-D'HONNEUR, MEMBRE DE L'INSTITUT ET DE PLUSIEURS SOCIÉTÉS SAVANTES, NATIONALES ET ÉTRANGÈRES.

NOUVELLE ÉDITION.

TRAITÉ
THÉORIQUE ET PRATIQUE
DE
L'ART DE BÂTIR;

PAR J. RONDELET,

ARCHITECTE, CHEVALIER DE LA LÉGION-D'HONNEUR, MEMBRE DE L'INSTITUT ET DE PLUSIEURS SOCIÉTÉS SAVANTES, NATIONALES ET ÉTRANGÈRES.

NOUVELLE ÉDITION,
REVUE PAR L'AUTEUR, ET DIVISÉE EN DIX LIVRES.

Formant 5 volumes in-4°., imprimés sur papier grand-raisin, avec 200 planches.

INTRODUCTION.

DANS les temps les plus reculés, les peuples, presqu'entièrement livrés aux travaux agrestes, n'ont dû connaître d'autre architecture que cette construction primitive essentiellement subordonnée aux besoins physiques de l'homme [1] : l'expérience et la civilisation perfectionnèrent insensiblement les procédés de cet art, et dans l'histoire des nations, les monumens religieux furent le premier objet des études de l'Art de Bâtir. Des temples, l'application de cet art passa successivement aux autres édifices, que les besoins toujours croissans de la société rendirent bientôt nécessaires : partout l'érection de monumens durables devint, aux yeux des générations

[1] Voyez Vitruve, Liv. II, Chap. I, De Initiis tectorum.

vivantes, un moyen assuré de perpétuer l'existence de leurs institutions.

Les essais de l'Art de Bâtir diffèrent entre eux, autant par la nature des ressources matérielles que pouvaient offrir aux premières peuplades les lieux où elles se trouvèrent rassemblées, que par les influences politiques et morales sous lesquelles se développa leur intelligence. C'est pourquoi, indépendamment du degré de richesse du sol en matériaux propres à bâtir, cet art paraît d'abord plus près de sa perfection, là où le raisonnement, bien plus que la simple pratique, vient présider à ses premières combinaisons.

Chez les Égyptiens, qui les premiers semblent avoir entrevu l'avenir dans les âges les plus reculés, l'Art de Bâtir n'eut en vue, dès son origine, qu'une immuable solidité. Ce but une fois atteint, par des procédés qui ressortent bien plus des facultés instinctives[1] que d'une intelligence éclairée, détermina pour toujours le système de l'architecture égyptienne. En effet, parmi les monumens de l'Égypte qui sont parvenus jusqu'à nous, et qui, par l'étendue relative de leurs dimensions, ou d'autres distinctions particulières, semblent appartenir à des époques très-éloignées entre elles, il est presqu'impossible de reconnaître aucun progrès dans cet art. D'ailleurs, les Égyptiens ayant exécuté d'abord, avec la matière qu'ils n'ont cessé de mettre en œuvre, ne devaient trouver, dans la suite, aucune raison de modifier les combinaisons que leur avaient fait adopter les qualités architectoniques de cette matière.

En Grèce au contraire, l'architecture, qui sous un certain rapport parvint à un si haut degré de perfection, fut, par la nature même de ses premiers essais, induite en erreur sur les véritables données de l'Art de Bâtir. Avant d'employer la pierre et le marbre

[1] Dans les monumens des Celtes, les plus informes de tous, on retrouve, à la façon près, les élémens des constructions égyptiennes. Voyez Britannia de W. Camden, *Stone-Henge*, près de Salisbury, dans le Wiltshire, et *Rolle-Rich-Stones*, dans le Oxfordshire.

On peut aussi voir, à ce sujet, Danicorum monumentorum, Olao Wormio; Suecia Illustrata, etc.

Au reste, ce qui est dit ici de l'architecture égyptienne, peut également s'appliquer aux monumens de la Perse et de l'Inde.

à la construction de leurs édifices, les Grecs avaient façonné les élémens de cet art sur des modèles en charpente[1]; et lorsqu'éclairés par l'expérience, ils en vinrent à employer des matières plus durables, on les vit se borner à l'imitation pure et simple des résultats auxquels l'usage du bois les avait conduits, et que, eu égard à leurs proportions, son emploi semblait seul pouvoir admettre. Mais la scrupuleuse fidélité qu'ils apportèrent dans cette imitation, tout en révélant la cause des égaremens de l'art, vient aussi déposer en faveur de la finesse de leur discernement. Trop judicieux pour s'aveugler sur la fausse route dans laquelle ils venaient de s'engager, on les vit s'appliquer à faire disparaître, à force d'art, les contradictions choquantes que présentait, à chaque instant, cette étrange métamorphose. On dirait que, déjà instruits par la sculpture, à faire oublier sous la reproduction des formes des êtres animés, l'inertie, la pesanteur et la fragilité de la matière, ils se soient efforcés de transmettre, figurément, à la pierre, l'apparence des qualités nécessaires pour des combinaisons de charpente.

Guidés par cet esprit d'observation qui les distingue dans tous leurs ouvrages, on les voit masquer, avec soin, le nombre de pierres qu'ils emploient pour remplacer la poutre qui formait l'architrave; et par des démonstrations spécieuses de lignes longi-

[1] Plusieurs passages de Pausanias ne laissent aucun doute à cet égard. Entr'autres exemples de constructions en charpente rapportés par cet auteur, voici ce qu'il dit au sujet d'une colonne de bois, conservée dans le temple de Jupiter, à Olympie. Livre V, chapitre XX :

« En allant du grand autel, au temple de Jupiter, on trouve une colonne de bois, que » les Éléens appelent la colonne d'Œnomaüs; c'est à gauche. Quatre autres colonnes » soutiennent le plafond de ce côté-là, et servent aussi d'appui à la colonne de bois, telle» ment cariée de vétusté, qu'on a été obligé de la revêtir de cercles de fer. On dit que » c'était autrefois une colonne du palais d'Œnomaüs, et que ce fut tout ce qui en resta, » lorsque ce palais fut dévoré par le feu du ciel; des vers gravés sur une lame de cuivre » attestent cette particularité..... »

Au temple de Junon, à Olympie, on voyait également figurer une colonne de bois, à la partie postérieure du temple. *Idem*, Liv. V, chap. XVI.

Les autres exemples cités par cet auteur sont, un temple sur la place publique d'Élis, formé de colonnes en bois de chêne, et qu'on croyait être le tombeau d'Oxilus. *Idem* (Liv. VI, chap. XXIV); enfin, le temple bâti en bois, par Agamèdes et Trophonius, auprès de Mantinée, qu'Adrien fit enclore, avec des précautions infinies, dans un nouveau temple qui l'enveloppait de toutes parts. *Idem*, Liv. VIII, Chap. X. (Voyez aussi Vitruve, Liv. IV, Chap. II.)

tudinales, décorer ensuite ce nouvel assemblage d'une apparence d'unité, que commande le besoin de relier entre eux des points d'appuis isolés, et auxquels l'enchaînement peut seul procurer une stabilité convenable. L'œil fut d'autant plus facilement abusé par cet artifice, qu'ailleurs ils accusent, sans restrictions, le nombre et la grandeur, des morceaux qui entrent dans la formation des murailles.

Dès lors, les procédés de l'Art de Bâtir devinrent les mêmes en Grèce qu'en Égypte; à cette différence près, que les Égyptiens, peu enclins à se faire illusion en matière de constructions, avaient d'abord compris que toutes les conditions de la solidité, dans l'emploi qu'ils faisaient de la pierre, ne pouvaient résider que dans une certaine massivité; tandis que les Grecs, ayant découvert dans les propriétés du bois, un nouveau principe de force, feignirent de retrouver ce principe dans une matière d'une nature toute différente.

Une fois abandonné à cette hypothèse, leur système de construction n'offrit plus qu'une énigme inexplicable. La sculpture vint encore ajouter à cette confusion d'idées, en reproduisant exactement l'apparence des poutres, des fermes, des solives et des chevrons, qu'on voyait figurer aux couronnemens des anciens édifices de charpente[1]; mais d'un autre côté, le goût avec lequel ces imitations furent opérées, les mit à l'abri de tout reproche; on sembla même se prêter avec complaisance à des fictions ingénieuses, présentées sous les formes les plus satisfaisantes.

Au reste, à la suite de ce premier perfectionnement, le bois n'avait encore disparu qu'à l'extérieur de leurs édifices : il continua de demeurer l'unique ressource de la construction, pour la couverture des grands espaces. Ainsi, le grand problème que l'Art de Bâtir semblait avoir eu en vue, en écartant des monumens toutes les causes probables d'une prompte destruction, restait encore à résoudre. Tel fut l'état de cet art, tant qu'il ne connut d'autres règles en

[1] Vitruve, liv. IV, chap. 2. De ornamentis columnarum.

construction que l'union intime et la superposition des parties, et qu'il fut restreint dans l'emploi des matières aux qualités que la pratique seule avait pu lui faire connaître.

On peut donc avancer avec confiance que, jusqu'aux temps des dominations étrangères, l'Art de Bâtir demeura constamment dans l'enfance en Égypte et en Grèce.

Trop éloignés peut-être, des ressources qu'avaient offertes à l'architecture, les matériaux dont les Égyptiens et les Grecs étaient entourés; ou plutôt, moins confians dans les diverses qualités propres à ces matières, les Romains durent, sans doute, à ce dénûment ou à cette prudence, la savante industrie qui caractérisa d'abord leurs travaux [1]. Leur premier ouvrage [2], ou du moins le seul de ces anciens temps qui soit parvenu jusqu'à nous, d'une manière authentique, présente à la fois le témoignage d'un jugement éclairé et d'une pratique ingénieuse. On y voit la pierre concourir de toute sa force dans une combinaison dont la solidité, de même que celle des murs, repose en partie sur sa résistance. Ainsi, dès leur début, ils savent suppléer, par une ingénieuse combinaison, au secours périlleux et d'ailleurs trop restreint, que l'adhérence de la pierre avait offert ailleurs dans la construction des édifices.

[1] Les constructions romaines sont remarquables par l'emploi constant des arcs pour réunir les piliers et les murs, au lieu de plates-bandes, comme en Égypte et en Grèce. Vitruve, au Livre VI, Chap. XI, en parle comme d'une construction propre aux Romains. Là, de même qu'au Livre Ier., Chapitre V, à l'occasion des tours rondes, il apprécie les effets des constructions circulaires, composées de pierres en forme de coins. D'ailleurs, l'avantage que présentait l'emploi des arcades, pour la sûreté et la facilité de l'exécution, était encore augmenté par l'entière liberté qui régnait dans les proportions de toutes leurs parties.

[2] Les égouts de Rome, bâtis sous le règne de Tarquin l'Ancien, 580 ans avant l'ère vulgaire. Il est bon d'observer ici que ce prince, né chez les Étrusques, dans un temps où cette nation était la plus florissante, amena, en venant à Rome, un grand nombre de personnes, parmi lesquelles il s'en trouvait d'instruites dans tous les arts et les sciences, qu'il avait cultivés lui-même. Cette précieuse tradition, et d'autres faits consignés dans cet ouvrage, indiquent sans doute l'Art de Bâtir dans un état assez avancé chez cette nation; mais aujourd'hui la destruction presque totale de leurs édifices, et d'un autre côté le peu de notions que présentent à ce sujet les documens de leur histoire, nous forcent à suivre, chez les Romains, tous les développemens de cet art.

— On peut encore citer pour exemple l'émissaire du lac d'Albano, construit l'an 358 de la fondation de Rome.

Pendant qu'ils abordaient ainsi une difficulté par laquelle les Égyptiens et les Grecs semblent avoir été arrêtés, une construction d'un autre genre, et plus conforme à l'urgence des besoins d'un peuple dont les développemens furent si rapides, marchait aussi vers sa perfection ; c'est celle où le moyen d'union entre les matériaux joue le plus grand rôle. Enfin les moyens de l'Art de Bâtir parurent constamment s'accroître, en raison de l'agrandissement successif de l'empire[1] ; et lorsqu'une longue suite de succès eut mis le comble à sa prospérité, on vit l'architecture devenir l'unique objet de l'orgueil d'un peuple qui avait surpassé les autres dans plus d'un genre de gloire. Alors des architectes furent appelés de la Grèce pour concourir avec ceux de Rome à élever cet art au niveau de sa nouvelle destination.

C'est du sein de cette émulation générale qu'on vit sortir ces monumens superbes, dont on pourrait à peine croire le nombre et l'importance, sans les ruines majestueuses qui, aujourd'hui encore, excitent notre étonnement. Au milieu d'une foule d'édifices, plus ou moins remarquables par différens genres de mérite, il en est un surtout qui atteste d'immenses progrès dans toutes les parties de l'art, c'est celui connu de nos jours sous le nom de temple de la Paix. En effet, l'architecture n'avait peut-être jamais rien produit de comparable; et pour ne parler de son mérite que sous le rapport de l'Art de Bâtir, quelle immensité d'espace couvert ! quelle étonnante justesse de proportions entre les murs, les points d'appui et les voûtes ! et en même temps la garantie d'une durée qui paraît n'avoir de terme que celle même de la matière.

Cet ouvrage fut le dernier effort de l'art chez les Romains. Beaucoup d'autres édifices, postérieurs à celui-ci, conduisent d'époque en époque jusqu'au terme de leur puissance, sans présenter les traces d'aucuns perfectionnemens sensibles dans leur structure.

A la suite des vicissitudes sans nombre qui assiégèrent ce vaste

[1] Les Romains firent usage des métaux, pour remplacer la charpente, dans la construction des édifices · ils en formèrent même des combles, des voûtes et des plafonds, comme au portique du Panthéon et aux thermes de Caracalla.

empire, la connaissance d'un art si perfectionné, demeura ensevelie avec les ruines des ouvrages les plus étonnans qu'ait jamais produits le génie de l'homme. Ce ne fut guère qu'au commencement du seizième siècle que l'ancienne capitale du monde vit se ranimer dans son sein, avec le retour de la paix, un nouvel enthousiasme pour les beaux-arts.

De tant de titres à l'admiration de la postérité, l'architecture des Romains, quoique mutilée par la main des barbares, dut en premier lieu arrêter les regards de la nation régénérée. La contemplation habituelle de ces ruines, ouvrage rapide d'une aveugle fureur, et sur lequel le temps n'avait encore porté qu'une légère atteinte, tout en excitant de profondes impressions, dévoilait à la curiosité studieuse le mécanisme secret de ces constructions hardies : aussi lorsque, par sa vétusté, la première Basilique Chrétienne fut menacée d'une prompte destruction, tous les esprits applaudirent-ils à l'idée de la reconstruire sur ces anciens modèles; et il se trouva à la fois, un génie assez élevé pour fixer le choix sur les plus beaux exemples, et des hommes assez confians pour oser en entreprendre l'exécution [1].

Ce nouveau triomphe de l'architecture antique, fut en même temps le premier et le dernier pas des modernes vers cette haute perfection de l'Art de Bâtir. Mais comme cette superbe cité avait rassemblé les plus beaux modèles dans tous les arts, l'enthousiasme qu'avaient d'abord excité ces vastes fabriques, désormais hors de toutes mesures avec les besoins de ses nouveaux habitans, se reporta insensiblement sur les détails de tous genres, qui avaient concouru à leur embellissement. Cette nouvelle direction donnée à

[1] On sait qu'en 1506, sous le pontificat de Jules II, Bramante, qui fut le premier architecte de Saint-Pierre de Rome, avait conçu le projet de réunir ce que les anciens ont fait de plus grand et de plus magnifique, en élevant, selon son expression, le Panthéon audessus du Temple de la Paix.

Au reste, l'idée première d'un dôme, appuyé sur de grands arcs, se retrouve dans plusieurs églises des bas siècles, et notamment dans celles de Sainte-Sophie de Constantinople, de Saint-Vital de Ravennes, de Saint-Marc de Venise, etc. En 1300, Arnolpho di Lapo l'avait reproduite dans l'église de Sainte-Marie-des-Fleurs, à Florence; mais ce fut seulement de la main de Bramante que ce motif reçut toute sa perfection

l'étude de l'antiquité, fit naître cette brillante école d'artistes, également habiles dans la peinture, la sculpture et l'architecture. Au milieu de leurs immortels travaux, la plupart de ces maîtres, moins occupés d'édifices publics, que d'entreprises particulières, semblent avoir été frappés de la supériorité de l'architecture, lorsqu'elle est appelée à développer ses moyens dans une plus vaste carrière. C'est sans doute à ce sentiment particulier qu'il faut attribuer, entre autres ouvrages importans sur l'architecture, cette série d'ordonnances qu'ils nous ont laissée, et qui, formée comme les chefs-d'œuvre de la sculpture antique, des beautés éparses dans différens modèles, servit en quelque sorte à fixer le goût en Europe, en révélant aux nations les élémens de la grande architecture[1].

Cependant, avant l'époque de la régénération des arts dans le centre de l'Italie, les peuples les plus éloignés de Rome n'ayant aucun conseil à prendre dans les ouvrages de leurs prédécesseurs, et encore livrés à leur propre industrie, étaient parvenus à se créer une architecture. Ici comme en Égypte, cet art offre, dès le principe, le système de construction sur lequel doivent désormais reposer toutes ses compositions; comme en Égypte aussi, il se montre préoccupé d'assurer la plus grande durée à ses ouvrages : mais au lieu de masses péniblement entassées, comme chez ce dernier peuple, l'Art de Bâtir opéra, le plus ordinairement, avec des matériaux que les Égyptiens auraient rebutés; et guidé seulement par une mécanique pratique, il parvint pas à pas aux résulats les plus inouïs.

S'il était besoin de justifier cet éloge de l'architecture gothique, il suffirait de rappeler comment, au moyen de formes et de combinaisons, la matière seule, par le double effort de sa pesanteur et de sa résistance, vient composer les ensembles les plus stables, indépendamment de la force d'union du ciment, qui ne prête qu'un faible secours aux constructions en pierre de taille; comment

[1] Les cinq ordres d'architecture. (Voir la Préface de Vignole, en tête de sa *Regola delli cinque ordini d'architettura.*)

ensuite, par de sages dispositions, elle sait procurer une longue durée à des matières périssables; comment enfin, au milieu d'un système où tout est en action, rien cependant ne paraît fatiguer à l'œil, ni dans l'ensemble ni dans aucune de ses parties.

En un mot, savoir reconnaître et assigner pour chaque matière le mode d'emploi dans lequel l'Art de Bâtir peut en obtenir les services les plus durables, telle semble avoir été la règle constante de l'architecture gothique : et l'on ne peut s'empêcher de regretter de voir un système de construction, si bien approprié aux ressources et à la nature de notre climat, qui pourrait convenir encore en tant de circonstances, entièrement abandonné de nos jours.

L'architecture gothique avait déjà produit les plus étonnans ouvrages, en France, en Angleterre, en Allemagne, et dans le nord de l'Italie [1], lorsque les élémens de cet art, puisés dans les monumens de Rome, se répandirent chez les nations, déjà préparées par les traditions de l'histoire, à l'estime des travaux de l'antiquité. Alors comme entraîné par une influence magique, cet art changea entièrement de système. Jusque-là, tout ce qui dans les édifices n'avait été réglé que par le besoin, la convenance, enfin par une étude appropriée, devint subordonné à l'emploi de simulacres de constructions. Renonçant ainsi à tous les avantages que procurait l'architecture primitive, on ne rencontra d'abord aucun de ceux qu'on pouvait retirer de l'emploi de ces nouveaux modèles. Tel devait être, au reste, le premier résultat de l'introduction de ces élémens, chez des peuples éloignés du théâtre où l'architecture avait développé toutes ses ressources, et des maîtres qui venaient de se former à cette grande école.

A la suite des ordonnances de colonnes, la connaissance des

[1] Les monumens les plus remarquables, bâtis dans l'intervalle du dixième au seizième siècle sont : — *En France*, Sainte-Croix d'Orléans, la cathédrale de Chartres, Notre-Dame de Paris, Notre-Dame de Reims, la cathédrale d'Amiens ; — *En Angleterre*, l'église de Winchester, l'église de Cantorbéry, l'église de Westminster, l'église de Bristol, la cathédrale d'York ; — *En Allemagne*, l'église de Halberstad, Saint-Étienne de Vienne, Elisabeths-kirche, à Marburg ; l'église de Cologne, l'église et le clocher d'Ulm ; — *En Italie*, le dôme de Pise, le dôme de Sienne, la Chartreuse de Pavie, Notre-Dame de Milan, San-Petronio de Bologne, etc.

monumens antiques commença insensiblement à se répandre ; et le goût de la grande architecture se développa de plus en plus avec elle. Mais après avoir si minutieusement mesuré la modinature des ordres grecs, et en avoir extrait ces règles à la fois si simples et si satisfaisantes, ces habiles maîtres nous avaient laissés sans guides, au milieu des chefs-d'œuvres de l'Art de Bâtir, sur tout ce qui relève de la science des constructions. Ceux d'entr'eux qui publièrent les édifices de Rome[1], se contentèrent d'en reproduire les formes et les dimensions, avec plus ou moins d'exactitude, sans en déduire les grandes leçons qui eussent pour toujours complété la doctrine de l'architecture, et prévenu les nombreux écarts où cet art tomba dans la suite. Éloignés, sans doute, des études abstraites sur lesquelles repose cette science, par le charme entraînant des arts du dessin ; on pourrait dire d'eux, selon l'expression de Vitruve, qu'ils ne parurent pas dans la lice, armés de toutes pièces[2].

C'est aux mathématiciens du siècle qui vient de s'écouler, qu'était réservée la gloire d'aborder et de résoudre ces questions difficiles. La théorie des voûtes fut le premier objet des recherches de la science[3] ; et l'occasion qui se présenta bientôt d'en appliquer les résultats au plus grand monument moderne, révéla à tous les esprits, l'importance des données sur lesquelles se fondent les opérations de l'Art de Bâtir. De nombreux accidens s'étaient manifestés à la coupole de Saint-Pierre de Rome ; déjà plusieurs architectes et ingénieurs, induits en erreur par de fausses théories, avaient fait concevoir des doutes sur la solidité originaire de cet admirable ouvrage, lorsque le marquis Poléni, savant professeur de Padoue, fut appelé par Benoît XIV, alors souverain pontife, pour approfondir cette question délicate. Après un mûr examen de l'état des choses et des diverses opinions émises à ce sujet, cet homme habile dissipa entièrement les inquiétudes que ces accidens avaient fait naître,

[1] Sebastiano Serlio, Andrea Palladio, etc.

[2] Omnibus armis ornati. Vitruve, Liv. Ier., Chap. Ier.

[3] Voyez le Livre IX de cet ouvrage.

et prouva, à l'aide d'une démonstration aussi ingénieuse que concluante, le parfait équilibre de cette belle construction[1].

Un édifice du même genre[2] vint ensuite solliciter chez nous l'étude de ces hautes théories. Ici la possibilité du dôme, avec les moyens proposés, était non-seulement contestée[3], on allait jusqu'à prétendre que les piliers n'avaient pas les dimensions suffisantes pour supporter le poids de la coupole. Quoique dépourvues de fondemens solides, ces assertions dictées à leur auteur, par ce zèle qui le distingua dans l'exercice de sa profession, contribuèrent puissamment aux progrès de l'Art de Bâtir. On détruisit victorieusement les bases sur lesquelles ses raisonnemens étaient appuyés, et par des expériences entièrement neuves, et dont le résultat ne pouvait laisser aucune incertitude[4], il fut démontré que la résistance des piliers, bien loin d'être inférieure au fardeau qu'ils avaient à soutenir, était au contraire de beaucoup supérieure à son effort. Cette circonstance mémorable fait assez connaître l'état de l'architecture, à une époque encore très-rapprochée de nous.

Ces savantes discussions venaient de répandre le plus grand jour sur les vrais principes de la construction; et c'est à dater de ce moment que l'on fut à même de combiner ensemble les données de l'art avec celles de la théorie. Enfin on en vint généralement à reconnaître que le but essentiel était, avant tout, de construire des édifices solides, en y employant une juste quantité de matériaux choisis et mis en œuvre avec art et économie.

En effet, c'est le mérite de la construction qui constitue à tous les yeux le premier degré de beauté d'un édifice; et la perfection qu'il

[1] Voyez *Memorie historiche della gran cupola del tempio Vaticano*. Padoue, 1748, Liv. I, Chap. IX.

[2] L'église de Sainte-Geneviève.

[3] Mémoires de M. Patte, architecte du duc de Deux-Ponts, 1770.

[4] M. Gauthey, inspecteur général des ponts et chaussées, dans un mémoire publié en 1771, réfuta celui de M. Patte, et conclut par dire que, non-seulement les piliers étaient suffisans pour supporter la coupole projetée, *mais qu'il était possible de s'en passer et de ne conserver que les douze colonnes qui y sont engagées.* C'est à ce sujet qu'il imagina cette machine pour éprouver la force des pierres, dont MM. Soufflot et Peyronnet firent usage pour les grands travaux qui leur étaient confiés, et que nous avons modifiée dans la suite.

tient de l'Art de Bâtir, en excitant notre admiration, présente en même temps un garant de sa durée.

L'Art de Bâtir consiste dans une heureuse application des sciences exactes aux propriétés de la matière. La construction devient un art, lorsque les connaissances de la théorie unies à celles de la pratique, président également à toutes ses opérations.

On appelle théorie le résultat de l'expérience et du raisonnement, fondé sur les principes de mathématique et de physique appliqués aux différentes combinaisons de l'art. C'est par le moyen de la théorie, qu'un habile constructeur parvient à déterminer les formes et les justes dimensions qu'il faut donner à chaque partie d'un édifice, en raison de leur situation et des effets qu'elles peuvent avoir à soutenir, pour qu'il en résulte proportion, solidité et économie : c'est par elle qu'il peut rendre raison de tous les procédés qu'il propose pour l'exécution d'un ouvrage ; elle est encore son guide dans les cas difficiles et extraordinaires. Mais comme on ne peut raisonner juste que sur les choses que l'on connaît à fond, il en résulte qu'un théoricien doit joindre à la connaissance des principes et de l'expérience, celle des opérations de la pratique et de la nature des matériaux qu'elle met en œuvre.

Ce sont ces différentes connaissances que l'auteur a tâché de réunir, dans son ouvrage, afin d'en former un traité qui renferme ce qui est essentiellement utile à un architecte, et en général à tous ceux qui sont chargés de faire exécuter des travaux de bâtimens.

CONDITIONS DE LA SOUSCRIPTION.

Le premier volume sera mis en vente du 15 au 30 juillet. Le prix est de 20 fr., et celui des autres volumes sera le même, pour les personnes qui, dans l'intervalle du 1er. au 2e. volume, se seront fait inscrire pour la totalité de l'ouvrage.

Passé ce terme, le prix de chaque volume sera porté à 25 francs, et celui de l'ouvrage à 125.

On souscrit à Paris, chez l'Auteur, place Sainte-Geneviève, vis-à-vis l'École de Droit.

ORDRE DES MATIÈRES

TRAITÉES DANS CET OUVRAGE.

LIVRE PREMIER.

CONNAISSANCE DES MATÉRIAUX.

Ire. SECTION.

DESCRIPTION ARCHITECTONIQUE DES PRINCIPAUX MATÉRIAUX EN USAGE DANS LA CONSTRUCTION DES BATIMENS.

IIe. SECTION.

RÉSULTATS D'EXPÉRIENCES FAITES POUR DÉTERMINER LA FORCE DES MATÉRIAUX.

LIVRE DEUXIÈME.

CONSTRUCTION EN PIERRE DE TAILLE.

LIVRE TROISIÈME.

STÉRÉOTOMIE.

Ire. SECTION.

TRACÉ DES COURBES QUI PEUVENT SERVIR A FORMER LA SURFACE INTÉRIEURE DES VOUTES.

IIe. SECTION.

TRACÉ DES ÉPURES.

IIIe. SECTION.

CONSTRUCTION ET APPAREIL DES VOUTES PLATES.

IVe. SECTION.

APPAREIL DES ARCS DES PORTES ET DES VOUTES EN BERCEAU.

Ve. SECTION.

APPAREIL DES VOUTES CONIQUES, SPHÉRIQUES, CONOÏDES, SPHÉROÏDES, ET DES VOUTES COMPOSÉES.

VIe. SECTION.

APPAREIL DES ESCALIERS EN PIERRE.

LIVRE QUATRIÈME.

MAÇONNERIE.

Ire. SECTION.

ÉTABLISSEMENT DES AIRES.

IIe. SECTION.

CONSTRUCTION DES MURS EN MAÇONNERIE.

IIIe. SECTION.

CONSTRUCTION DES VOUTES EN MAÇONNERIE.

IVe. SECTION.

COMPOSITION ET APPLICATION DES ENDUITS.

LIVRE CINQUIÈME.

CHARPENTE.

Ire. SECTION.

PRINCIPES DU TRAIT DE CHARPENTE.

PARIS.—IMPRIMERIE DE FAIN,
Rue Racine, n. 4, place de l'Odéon.

OUVRAGES DE M. RONDELET.

COMMENTAIRE DE S.-J. FRONTIN, sur les aquéducs de Rome, traduit avec le texte en regard; précédé d'une notice sur la vie de Frontin; de notions préliminaires sur les poids, les mesures, et la manière de compter des Romains; suivi de la description des principaux aquéducs construits jusqu'à nos jours; des lois et constitutions impériales sur les aquéducs, et d'un précis d'hydraulique; avec 30 planches. Prix : 30 fr.

MÉMOIRE SUR LA MARINE DES ANCIENS, contenant la description de leurs navires les plus fameux, particulièrement de celui de Démétrius Poliorcètes *à seize rangs de rames*, et de celui de Ptolémée Philopator *à quarante rangs*. L'auteur, après avoir discuté les différentes opinions des savans modernes qui ont écrit sur ces navires, sans avoir dissipé le doute qui a long-temps régné sur leur existence, expose de nouvelles considérations mathématiques, desquelles résulte, au moins, la *certitude de leur possibilité*. Ce mémoire est terminé par des recherches et des observations sur la théorie de la stabilité des corps flottans. Un vol. in-4°., avec 10 planches. Prix : 10 fr.

MÉMOIRE SUR LA RECONSTRUCTION DE LA COUPOLE DE LA HALLE-AU-BLÉ, contenant, 1°. une description de ce monument; 2°. des observations sur les grandes voûtes de ce genre; 3°. sur les matières les plus propres à leur construction; 4°. sur leur épaisseur, leur poids et leur poussée; 5°. le détail des moyens pour exécuter solidement cette coupole, et autres grandes voûtes de ce genre, de quatre manières différentes, savoir : en pierre de taille, en briques, en bois et en fer; 6°. une comparaison de ces différentes constructions, et l'évaluation de la dépense que chacune pourrait occasioner. Un vol. in-4°. avec 3 planches. Prix : 5 fr.

EXPÉRIENCES faites pour connaître la force du choc des corps, avec le dynamomètre de M. Regnier. Brochure in-4°. avec 1 planche. Prix : 1 fr. 25 c.

SOUS PRESSE.

RECHERCHES sur plusieurs monumens et constructions antiques, pour faire suite au Mémoire sur la marine des anciens. Un vol. in-4°. avec 10 planches.

Ouvrages inédits dont la publication doit suivre, selon l'ordre ci-après :

DÉFINITION des principaux cercles du globe et du mouvement de la terre par rapport au soleil; pour servir d'explication au nouveau planisphère ou cadran géographique. Brochure in-4°. avec 2 planches.

MÉMOIRE qui a remporté le prix proposé en 1786 par l'académie de Lyon, sur la question suivante :
« Exposer les avantages et les inconvéniens des voûtes surbaissées dans les différentes constructions, soit publiques, soit particulières, où l'on est en usage de les employer; conclure de cette exposition, s'il est des cas où elles doivent être préférées aux voûtes à plein cintre, et quels sont ces cas; déterminer géométriquement quelle serait la courbure qui leur donnerait le moins d'élévation, en leur conservant la solidité nécessaire. » Un vol. in-4°. avec fig.

MÉMOIRE qui a remporté le prix d'architecture proposé en l'an IX par la classe de Littérature et Beaux-Arts de l'Institut, sur cette question :
« *Examiner quels ont été, chez les différens peuples, les progrès de cette partie de l'architecture que l'on appelle* la science de la construction des édifices, *depuis les temps les plus reculés jusqu'à nos jours.* » Un vol. in-4°. avec figures.

MÉMOIRE sur les Coupoles les plus remarquables, soit par leurs dimensions, soit par le mérite des procédés théoriques et pratiques suivis dans leur construction, bâties en différens pays par les anciens et les modernes. Ce travail, composé en 1775 sur l'invitation de Germain Soufflot, a déjà été extrait en partie pour la Nouvelle Encyclopédie : l'auteur se propose de le publier ici en entier, et accompagné de toutes les planches nécessaires. Un vol. in-4°. avec atlas.

DESCRIPTION HISTORIQUE ET GRAPHIQUE DE LA NOUVELLE ÉGLISE DE SAINTE-GENEVIÈVE.

Cet ouvrage est divisé ainsi qu'il suit :

1°. Plans et description de l'ancienne église de Sainte-Geneviève, fondée par Clovis; 2°. Motif de l'érection de la nouvelle église; 3°. Notice historique sur la vie et les ouvrages de Germain Soufflot, architecte, auteur de ce monument; 4°. Première conception de l'auteur mise en parallèle avec les monumens projetés à la même époque; études et variantes qui ont précédé le dernier projet définitivement arrêté en 1777; 5°. Détails d'architecture, ornemens et bas-reliefs; 6°. Changemens opérés après coup dans l'ordonnance et la décoration de l'édifice, par suite de sa nouvelle destination; 7°. Détails de construction, comprenant l'appareil, l'étude des courbes, les armatures, la charpente, les cintres, les échafauds et les machines employées à sa construction; 8°. Exposé des causes qui ont produit les dégradations survenues aux piliers du dôme; 9°. Examen des divers moyens d'étaiement et de restauration proposés par plusieurs architectes; 10°. Relation détaillée des travaux d'étaiement et de restauration exécutés sous la conduite de M. Rondelet. Un vol. in-folio avec planches.

IMPRIMERIE DE FAIN, rue Racine, n. 4.

www.ingramcontent.com/pod-product-compliance
Ingram Content Group UK Ltd.
Pitfield, Milton Keynes, MK11 3LW, UK
UKHW020500220726
13923UKWH00006B/2671